となりの きょうだい
理科でミラクル

きまぐれ☆流れ星 編

となりのきょうだい 原作
アン・チヒョン ストーリー ／ ユ・ナニ まんが
イ・ジョンモ／となりのきょうだいカンパニー 監修
となりのしまい 訳

東洋経済新報社

もくじ

登場人物

トム

すいみんよりもゲームが優先の兄。

ねないといけない理由と夢を見る理由が

とても気になっているよ。

エイミ

バチッとする静電気がこわい妹。

冬の日常の中で起きる

いろんな現象に興味があるよ。

トムとエイミは、どこにでもいる

へいぼんなきょうだい。

2人のまわりでは毎日、

楽しいことがたくさん起こるみたい。

さて、今日は何が

始まるのでしょうか?

見たいのに見えないお兄ちゃん

#近視　#おうレンズ

ただいま〜

トボ

トボ

やっぱり月曜日はつかれるな

ぐぉー

てぇぇ

帰ってきて遊んで昼ねまで…

ちっ 小学校はほんっと終わるの早いよな

むにゃ
むにゃ

イラッ

ポテチ

トム、なんだかイライラしているね

8

それから

妹にいたずらしようとして、まんまとやられたね

10

Q 近視用のメガネはどうやって視力をきょう正するの?

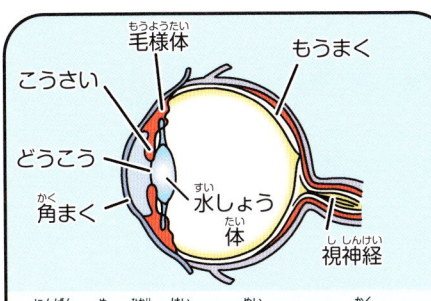

人間の目は光が入るとう明なまくの「角まく」、光をくっ折させる「水しょう体」、くっ折した光を映し出す「もうまく」などでできている。

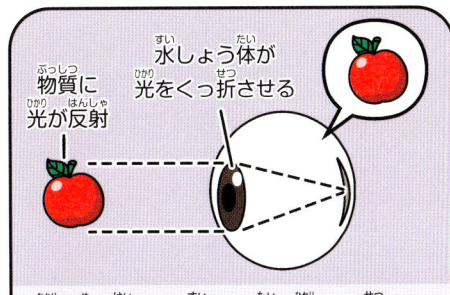

光が目に入ると、水しょう体が光をくっ折させ、もうまくに像が映る。視神経を通じて、この情報が脳に送られることで物体が見えるんだ。

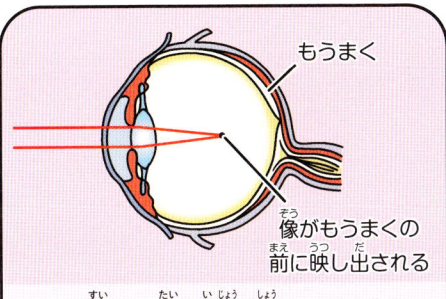

でも、水しょう体に異常が生じて、もうまくの手前に像が映し出されると、物体がよく見えなくなってしまうんだ。これを「近視」と呼ぶよ。

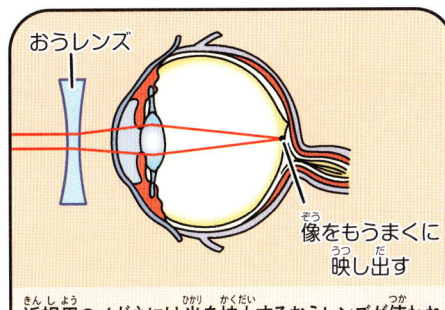

近視用のメガネには光を拡大するおうレンズが使われている。光が水しょう体に入る前におうレンズで光を拡大させることで、像がもうまくに映るよ。

となりのサイエンス

光のくっ折で曲がるストロー

光はまっすぐ進む性質を持つけれど、どんな物質を通過するかによって進む速度が変わる。そのため、空気中を通過していた光が水中に入ると、空気と水の境界面で方向が曲がる現象が起きるよ。このように、光がある物質を通過し、他の物質を通る際、2つの物質の境界面で光が進む方向が曲がる現象を「光のくっ折」と呼ぶよ。

光のくっ折によって曲がって見えるストロー

ちょっと目をつぶった
だけなのに……

2

#ねむる理由　#すいみんと脳

のど かわいた

のどがかわいて夜中に起きたエイミ

あれ？

お兄ちゃんの
部屋 電気
ついてる

まだ起きてるの？
まさかゲーム？

あれ？

ほっといて
くれ

17

 # Q どうして ねないといけないの？

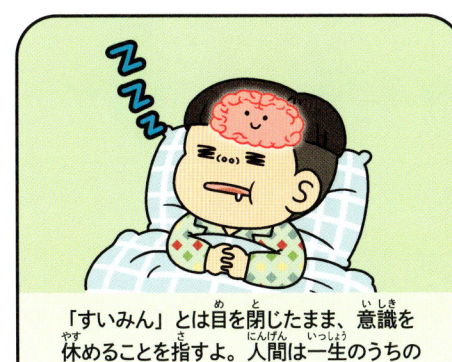

「すいみん」とは目を閉じたまま、意識を休めることを指すよ。人間は一生のうちの3分の1をねむりにあてるといわれているんだ。

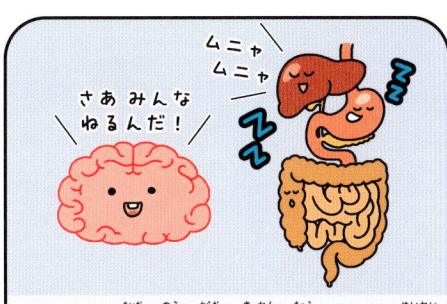

さあみんなねるんだ！

ムニャムニャ

ねむっている間、脳は体の器官に休けいせよと命令する。すると、きん張がほぐれて、白血球の活動が活発になり、めんえき物質がつくり出される。

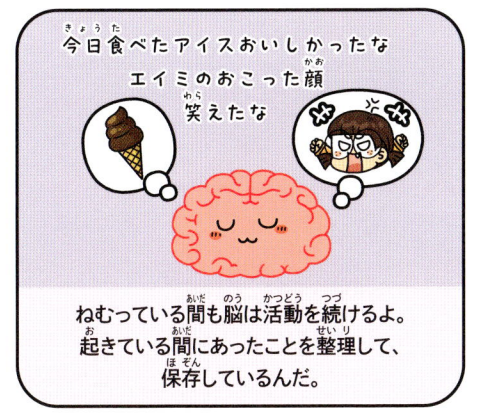

今日食べたアイスおいしかったな
エイミのおこった顔
笑えたな

ねむっている間も脳は活動を続けるよ。起きている間にあったことを整理して、保存しているんだ。

ここはどこ？私はだれ？

ねないとつかれがたまるだけでなく、情報が整理できず、認知機能が低下するよ。

となりのサイエンス

すいみんと身長の関係

成長期に背をのばすためには、十分な栄養と正しい姿勢、適度な運動が必要。でも、この条件をすべてクリアしても、よくねむらないと背がのびなくなるよ。なぜなら、成長を助けるホルモンである「成長ホルモン」は深いねむりについたときにもっとも多く分ぴつされるから。成長期にぐっすりねむることはとても重要なんだね。

3

黄色い液体の正体は……?

#じん臓　#ウロクローム

エイミにきん急事態発生！

エイミの不幸はトムの幸せ

トイレを使（つか）いたいエイミがそうじする羽目（はめ）に……

その後（ご）

26

よい子のみんなはまねしないでね

こうして、2人の秘密が1つ増えましたとさ

Q おしっこはどうして黄色いの?

人間の血液は血管を通して全身に酸素と栄養素を供給し、老はい物を運ぶ。血液中の老はい物はじん臓でろ過され、ぼうこうからにょう道を通じて体外にはい出されるんだ。これがにょう、つまりおしっこだよ。おしっこは独特のにおいがする液体で、黄色い色をしている。おしっこの黄色は、「ウロクローム」という色素の色なんだ。体内に水分が不足していて、ウロクロームの割合が増えると、おしっこはこい黄色になるよ。

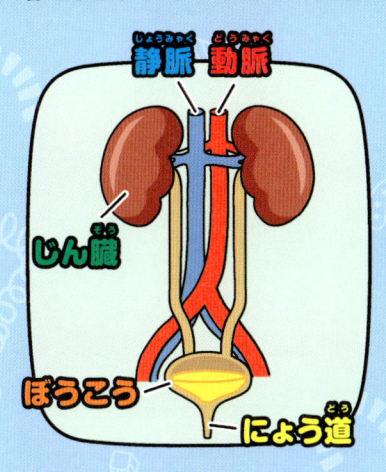

静脈 動脈
じん臓
ぼうこう
にょう道

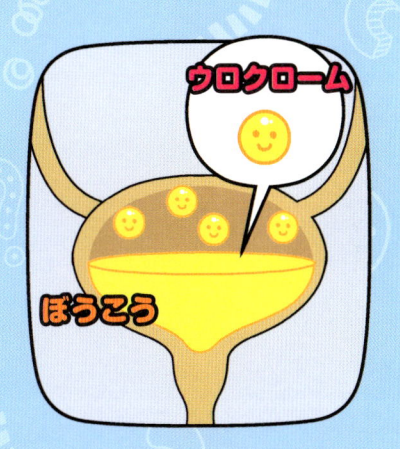

ウロクローム
ぼうこう

となりのまめ知識

おしっこでわかる健康状態

おしっこが赤みを帯びていたり、色がにごっていたり、あわが混じっていたら、健康に赤信号が灯っているサイン。人間の体に必要なたんぱく質や糖分、血液などが体内に留まることができずに、おしっこに混ざった形ではい出されてしまうことが原因だ。けんび鏡での観察やにょう試験紙でおしっこの成分を分せきすると、健康状態をよりくわしくチェックできるよ。

にょう
試験紙

4

絶対にぬいでは いけない！

#足のにおい　#足と細きん

モコ〜
ハイタッチ
しよう？

せーの！

ワン
ワン！

ワン…?!

エイミとモコ、楽しそうだね

ピクッ

キャン！

モコ
どうしたの？

ふせ！

ぬぎ

ただいま〜

おかえり〜

ぬぎ

何のことだ？
においなんて…

よっと

おえっ
はきそう

ぐ

ぶっ

自分でもわかるくらいなんだね

サッカー
がんばりすぎ
たな

とりあえず
くつ下を
ぬいで…

ぐいっ

ぱっ

ビクッ

ちょっと！
ここで
ぬがないでよ!!

なんだよ？
こうしないと
洗えないだろ？

！

ポイッ

ぷ〜ん

ヘナ〜

ヘナ〜

足のにおいで
植物まで…!!

おそるべき毒ガスのい力!!

32

35

Q 足はどうしてにおうの?

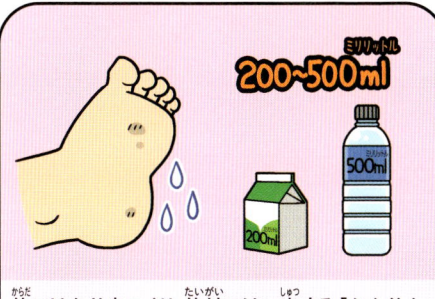

体にはあせをつくり、体外にはい出する「かんせん」という器官があるよ。特に、足にはかんせんが多く、1日に 200〜500 ml のあせをかく。

風通しのいいかん境ではあせがすぐに蒸発するけれど、足はクツとくつ下をはいているせいで、あせが蒸発しにくくなるんだ。

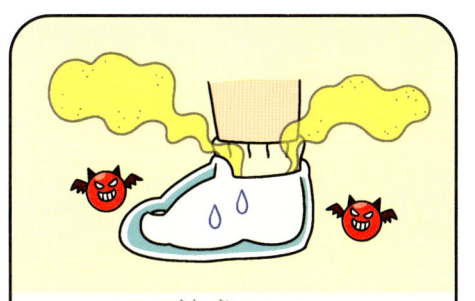

しめっぽいかん境で細きんがはんしょくして、それがはだの角質を分解する過程で悪しゅうが発生する。この悪しゅうこそが足のにおいなんだ。

においを防ぐためには、あせを吸収してくれるくつ下と通気性のいいクツをはくといいよ。足を洗ったあとに、しっかりかわかすことも重要だよ。

となりのサイエンス

クツにしみついたにおいを取る方法

足のあせのせいでクツの中が蒸れると、クツがにおうことがあるよね。その際、使用ずみの緑茶のティーバッグをかんそうさせたものや、丸めた新聞紙、コーヒーのカスをガーゼで包んだもの、干したみかんの皮などをクツの中に入れておくと、においとしっ気が取れるよ。

5

夢は願えば
かなう?

#レムすいみん　#ノンレムすいみん

ぐおー

むにゃ
むにゃ…

ぐおー

トムが昼ねをしているよ

ズンチャ
ズンチャ

ミノル
それはオレの
せいじゃないぞ!!

ガ

バッ

どうやら夢を見ているようだね

なんだよ
さわがしいな

またダンスの
練習か?

いいぞ その調子
ワンツー
スリーフォー!

はあ

はあ

カキ

ズンチャ
ズンチャ
ズンチャ

ワン

ワン

ついつい見栄をはるトム

さっきと言ってることがちがうけど……

それは実際に変だからだよ

Q どうして夢を見るの？

人間はねむっているときにいろんな夢を見るね。でも、まだ夢を見る理由について、はっきりとはわかっていないんだ。

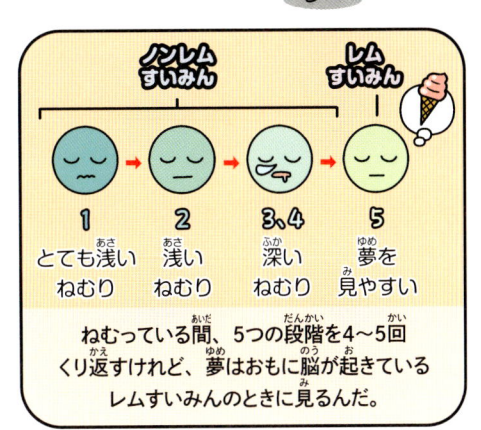

ノンレムすいみん			レムすいみん
1	2	3,4	5
とても浅いねむり	浅いねむり	深いねむり	夢を見やすい

ねむっている間、5つの段階を4〜5回くり返すけれど、夢はおもに脳が起きているレムすいみんのときに見るんだ。

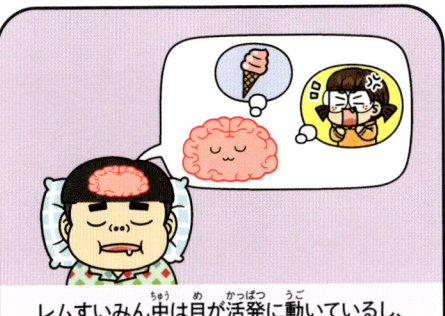

レムすいみん中は目が活発に動いているし、脳も活動しているよ。起きているときと脳波の状態が似ているんだ。

カルビ1人前追加…

レムすいみん中は記おくの形成を活発にする物質が分ぴつされているから、このときに目覚めると、比かく的夢のことをよく覚えているよ。

レムすいみんとノンレムすいみん

すいみんは脳波の変化によって大きくレムすいみんとノンレムすいみんに分けられる。さらに、ノンレムすいみんは4段階に分かれているよ。ノンレムすいみんが始まってから1時間くらい経つとレムすいみんに入り、脳の活動が活発になるんだ。ねむっている間、このサイクルを約100分の周期で4〜5回くり返すといわれているよ。

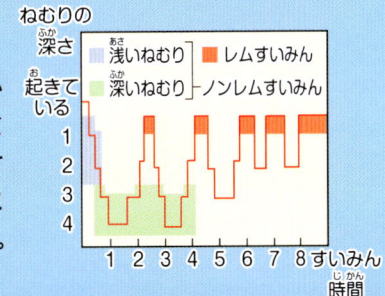

6

おく深い目元の秘密

#二重まぶた　#るいせん

もう1時だ
お昼食べなくちゃ

今日は楽しい日曜日

ふわあ〜　あくび

もしかして
今ごろ
起きたの？

うん
夜中までゲーム
やってた

カキ
カキ

なにか
食うもんあるか？

お母さんが
出かける前に用意
してくれたよ

パカッ

いったい何があったの？

明け方（あけがた）に
ねたって？

えへへっ

つかれて
二重（ふたえ）になった
のかな？

ああ そうだな

ビクッ

そのわりには
自然（しぜん）だな

まるで
別人（べつじん）に見（み）える

ガルルル
ワンッ ワン

モコ
オレだよ

モコもおどろく変身（へんしん）

まあ いいや
案外気（あんがいき）に
入（い）ってるし

クン
クン

えっ？

さらにイケメンに
なったろ？ 芸能人（げいのうじん）のだれかに
似（に）てないか？

ふ

ふ

いや
犬（いぬ）ならいる
かな…

自信（じしん）たっぷり

49

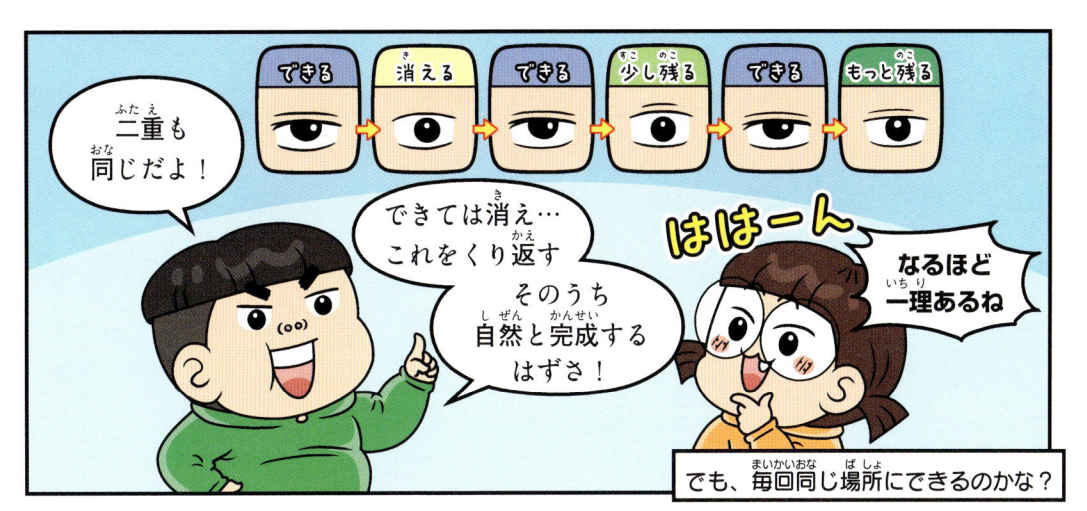

52

Q つかれると、どうして二重（ふたえ）になるの？

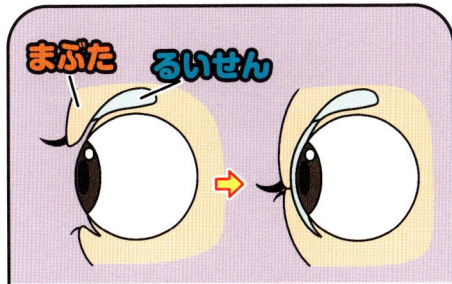

まぶた　るいせん

まぶたの内側（うちがわ）にはるいせんがあるよ。
まばたきをするたび、るいせんからなみだが出て、
ひとみをぬらしてくれるんだ。

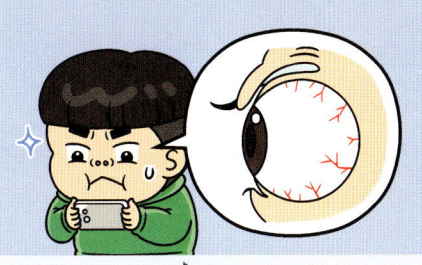

でも、夜（よ）ふかししたり、
長時間（ちょうじかん）まばたきをしないでいたりすると、
まぶたのしぼうと水分量（すいぶんりょう）が減（へ）ってしまうんだ。

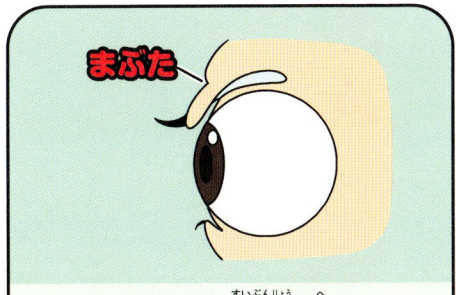

まぶた

まぶたのしぼうと水分量（すいぶんりょう）が減（へ）ると、
まぶたがうすくなってシワができる。
このシワによって二重（ふたえ）に見（み）えるんだ。

どうして
片方（かたほう）だけ…

でも、これは一時的（いちじてき）なもので、
まぶたが元（もと）の位置（いち）にもどると、
二重（ふたえ）のように見（み）えたシワもしだいに消えるよ。

となりの
サイエンス

目（め）が大（おお）きいと視野（しや）も広（ひろ）い？

人間（にんげん）の目（め）が見えるのは、水しょう体（たい）を通（つう）じてもうまくに映（うつ）し出された
像（ぞう）を認識（にんしき）するからなんだ。視野（しや）は水（すい）しょう体（たい）の大（おお）きさや厚（あつ）さによって
変わるんだけど、人間（にんげん）の水（すい）しょう体（たい）はみんな似（に）ているから、視野（しや）も
ほぼいっしょだといえる。つまり、まぶたが下（さ）がって、水（すい）しょう体（たい）に
入（はい）る光（ひかり）をさまたげなければ、目（め）の大（おお）きさと視野（しや）に関連性（かんれんせい）はないんだ。

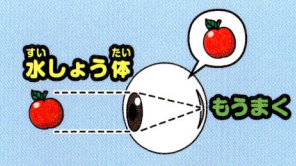

水（すい）しょう体（たい）　もうまく

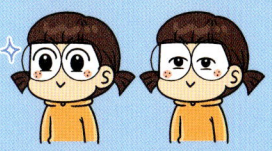

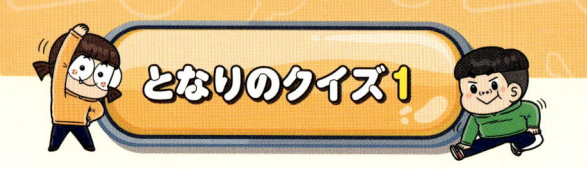

次の文章を読んで、空らんをうめよう。

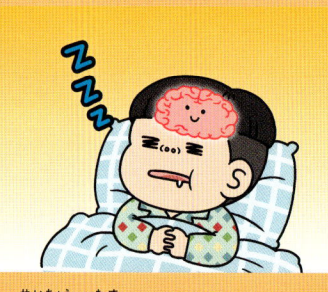

成長を助けるホルモンである

[　　　　　　　]は深いねむりに

ついたときに多く分ぴつされる。

答え：[　　　　　　　　　　　]

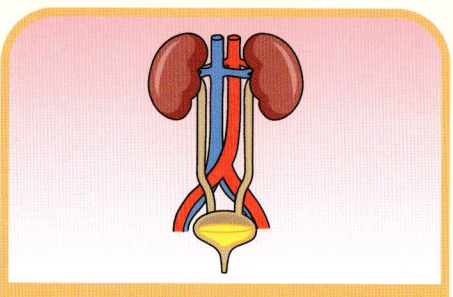

血液中の老はい物などは

[　　　　　　　]でろ過される。

答え：[　　　　　　　　　　　]

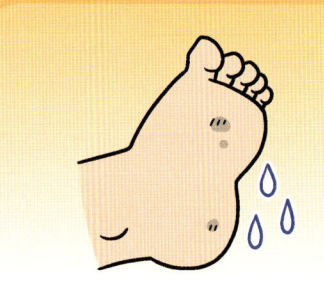

人間の体にはあせをはい出する

[　　　　　　　]という器官がある。

答え：[　　　　　　　　　　　]

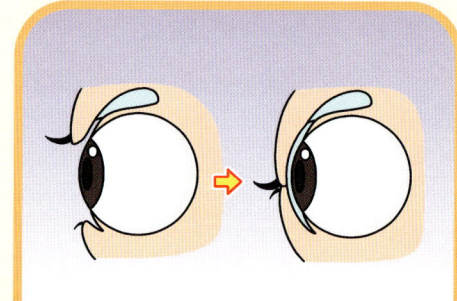

まばたきをするたび、

[　　　　　　　]からなみだが出て、

ひとみをぬらしてくれる。

答え：[　　　　　　　　　　　]

答え：左上から時計回りに、成長ホルモン、じん臓、ふせん、かんせん

クロスワードパズル

問題をよく読んで、下の空らんをうめよう。

よこのヒント

1 目に光が入ると〇〇〇〇〇〇〇で光をくっ折させ、もうまくに像を映し出す

2 〇〇レンズは近視きょう正用のメガネをつくるときに使われる

たてのヒント

1 すいみんは深いねむりについた〇〇〇〇〇〇〇〇の状態と脳の活動が活発なレムすいみんの状態に分かれる

2 おしっこは〇〇〇〇〇を通じて体外にはい出される

答え：よこ①すいしょうたい（水しょう体）②ノンレムすいみん たて①おうもん②にょうどう（尿道）

7

ほのかな香りの お誕生日会

#消化液 #消化器官

エイミがおでかけの準備をしているよ

へへっ
なかなかいいね

気合い入ってる感
あるけど

コン
コン

にゃは

スマホの
じゅう電器
貸してくれ

ねえ 今日の
ファッション
どう？

ぶはは イカ焼きに
ケチャップぬった
みたいだな

サーカスにでも
出るのか？

ブチッ

イカに
ケチャップ
…？

ぬう

友だちの誕生日会 行ってくる

おう 気をつけて

ズキズキ

エイミ、着がえたんだね

これくらいが無難だよね？

確かにあれはハデすぎた

クラスで一番人気のスミオに招待されるなんてもしかして私のことを…？

ドキドキドキ

そっか！だから、服装になやんでたんだね

エイミのマンションの入口なんだけどまだ？

ごめん今エレベーターの中

スミオの家に行くから何着ていくかなやんでたんじゃない？

ちがうよ！いつもどおりだよ

キュッ

デイジーの服装、授賞式にでも行くみたいだね……

スミオの気持ちも確認しないと……

スミオの家（いえ）

いらっしゃい

来てくれてありがとう

招待（しょうたい）してくれてありがとう

誕生日（たんじょうび）おめでとう〜

これ、プレゼント

でもどうしてエプロンしてるの？

ああこれ？

実（じつ）はシェフになるのが夢（ゆめ）なんだ

キュン！

わあ〜！

はじめてつくってみたんだけど口（くち）に合（あ）うかな

すごーい！

 # Q どうしてげりになるの？

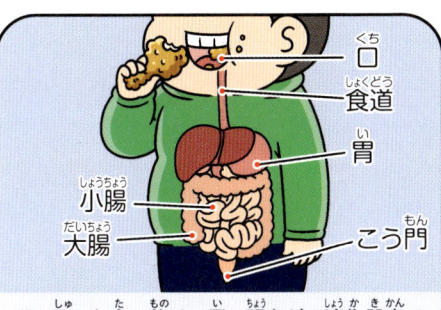

口（くち）
食道（しょくどう）
胃（い）
小腸（しょうちょう）
大腸（だいちょう）
こう門（もん）

せっ取（しゅ）した食（た）べ物（もの）は、胃（い）、腸（ちょう）などの消化器官（しょうかきかん）で分解（ぶんかい）されるよ。こうした過程（かてい）を経（へ）ることで、栄養素（えいようそ）が吸収（きゅうしゅう）しやすくなるんだ。

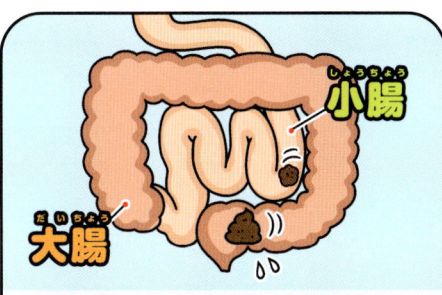

小腸（しょうちょう）
大腸（だいちょう）

体内（たいない）に入（はい）った食（た）べ物（もの）は小腸（しょうちょう）と大腸（だいちょう）を通（とお）って、栄養素（えいようそ）と水分（すいぶん）が体内（たいない）に吸収（きゅうしゅう）されるんだけど、このときにカスが残（のこ）る。このカスが「うんち」なんだ。

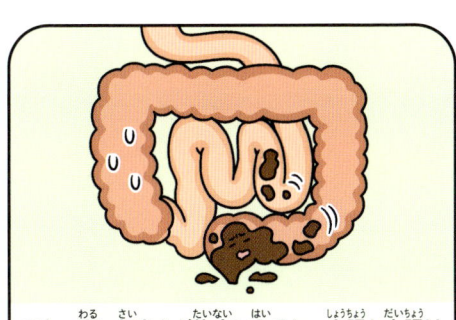

でも、悪（わる）い細（さい）きんが体内（たいない）に入（はい）ると、小腸（しょうちょう）と大腸（だいちょう）は急（いそ）いでそれを体外（たいがい）にはい出（しゅつ）しようとする。このとき水（みず）っぽい便（べん）、つまり「げり」になるんだ。

むしゃ むしゃ

また、食（た）べすぎやストレスで消化器官（しょうかきかん）の機能（きのう）が低下（ていか）すると、大腸（だいちょう）が水分（すいぶん）を十分（じゅうぶん）に吸収（きゅうしゅう）できず、げりが引（ひ）き起（お）こされることもあるよ。

 となりのサイエンス

大腸（だいちょう）と小腸（しょうちょう）の役割（やくわり）

食（た）べ物（もの）の栄養素（えいようそ）のほとんどは小腸（しょうちょう）で吸収（きゅうしゅう）されるよ。消化液（しょうかえき）を利用（りよう）して、食（た）べ物（もの）を細（こま）かく分解（ぶんかい）したあと、おもに栄養素（えいようそ）を吸収（きゅうしゅう）するんだ。一方（いっぽう）、大腸（だいちょう）は消化（しょうか）の最終段階（さいしゅうだんかい）を担（にな）う消化器官（しょうかきかん）として、おもに水分（すいぶん）を吸収（きゅうしゅう）するよ。水分（すいぶん）までぬけた食（た）べ物（もの）のカスはこう門（もん）を通（つう）じて体外（たいがい）にはい出（しゅつ）されるよ。

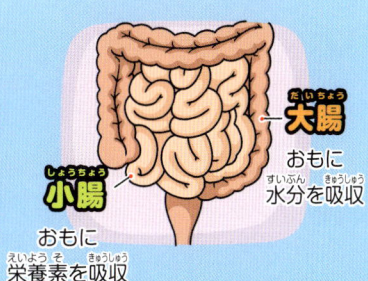

大腸（だいちょう）
おもに水分（すいぶん）を吸収（きゅうしゅう）

小腸（しょうちょう）
おもに栄養素（えいようそ）を吸収（きゅうしゅう）

なみだの演技の 達人になる方法

なみだの演技の ☆キホン

メモ

メモ

#化学反応　#さいるい成分

ただいま

……

エイミ どうした？

そんなに 真けんな顔して…

シーン

行方不明になった ワンちゃんと3年ぶりに 再会したしゅん間です！

フクちゃん！

感動する番組を観てたんだね

うっ うううっ

ウル

ウル

エイミ…

エイミ、いったいどうしたの？

さすが感動クラッシャー、トム

おい待て！それ私のリコーダーだよね?!

ドドド

イヒヒヒ

つまり明日 学校で演劇をやるのになみだの演技が必要だって？

そうなのだから悲しい気持ちになるための練習してたの

演技で泣くのは難しいよね

人魚の劇で

私は主役の人魚ひめなの

お前が人魚ひめ？イカ兵士のまちがいじゃなくて？

もう1回言ってみな

じょう談だよ!!

ガッ

心配するな！これさえあればなみだの演技なんて楽勝だ

ジャーン★

えっ それ筆だよね？

筆で何する気？

オレを信じろ！まず目をつぶって悲しいことを思いうかべろ

うーんわかった

感動クラッシャー、再び

そうしてトムはいろいろな方法を試した

1. つねる

2. ブロックをふませる

3. ガス発射

よい子のみんなはまねしないでね

67

68

たまねぎの力を借りて練習にはげむきょうだい

なみだの流しすぎで、目がパンパンにはれちゃったみたい

トムはカエルの王様になったとさ

たまねぎを切ると、どうしてなみだが出るの?

＊さいるい成分：るいせんをし激し、なみだを発生させる成分

たまねぎを切っているとき、なみだが出ちゃったことってあるかな？これはたまねぎのさいるい成分＊が原因だよ。

この成分は、たまねぎを切ったときに、細ぼうへきが破かいされることでつくられる。き発性があって、空気中に拡散するんだ。

うわっ

目のねんまくがし激されると、目はこれを有害な物質だと判断して、なみだで外に流そうとするんだ。

グスン

この成分は水によくとけるから、たまねぎを冷たい水で洗ってから切ると、ツーンとなるのを防げるよ。

となりのサイエンス

たまねぎを焼いたらあまくなる理由

いためたたまねぎはあまくておいしい〜

生のままのたまねぎはふつうからいよね。でも、いためたら、不思議とあまい。これは、加熱することで起きた化学反応によるものなんだ。たまねぎに熱を加えると、から味がなくなって、「プロピルメルカプタン」という物質がつくられる。この物質は砂糖の50倍をこえるあま味を出すといわれているんだよ。

あぶらとり紙
マジック

ジャーン☆

ぎょっ

#皮し　#皮しせん

エイミ
まだ決まらないの？

うーん

ごめん
もうちょっとだけ

今日はデイジーとコスメショップに来たよ

うーん

うーん

どれにしよ

うーん

もう30分も
なやんでるよ

あぶらとり紙なんて
全部いっしょだよ

コスメについてよく知らないトム

おっとっと

2人とも、楽しそうだね

買うまでずいぶんなやんでたアレ……

となりのまめ知識

あぶらとり紙がとう明になる原理

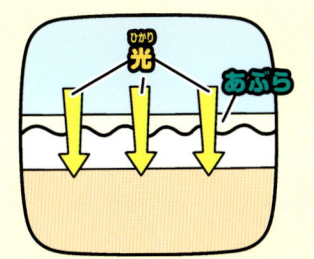

あぶらとり紙の表面はでこぼこしているよ。その表面に光が反射すると、白く見えるんだ。

でも、水やあぶらがつくと、表面が均一になって光を通過させる。そのせいでとう明に見えるんだ。

夏場に白いはだ着であせをかくと、はだがすけて見えるのと同じだよ。

77

Q どうして顔はあぶらっぽくなるの？

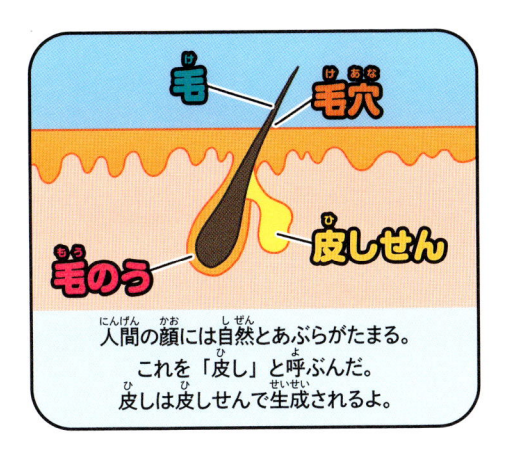

毛　毛穴　毛のう　皮しせん

人間の顔には自然とあぶらがたまる。
これを「皮し」と呼ぶんだ。
皮しは皮しせんで生成されるよ。

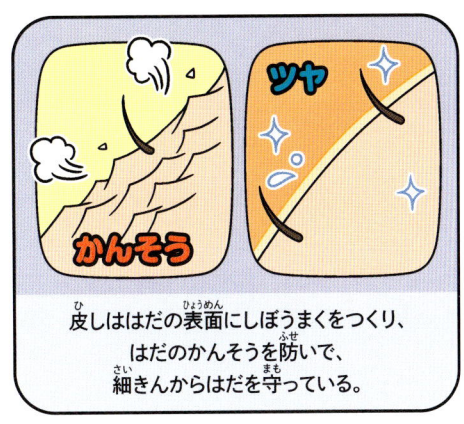

かんそう　ツヤ

皮しははだの表面にしぼうまくをつくり、
はだのかんそうを防いで、
細きんからはだを守っている。

特に、み間と鼻に沿って皮しが
多く分ぴつされる。
この部分は「Tゾーン」と呼ばれているよ。

洗いすぎは
かんそうの原因に
なるよ

パシャ　パシャ　パシャ

思春期には皮しの分ぴつがおう盛になる。
手でふき取るより、きれいな水で
洗い流すのがいいといわれているよ。

となりの
サイエンス

頭にもあぶらが？

皮しせんは顔だけでなく、頭皮にもある。だから、頭をちゃん
と洗わないと、頭皮に皮しがたまってかみの毛がベタベタする
んだ。その状態が長く続くと、頭皮にえんしょうが起きやすく
なるから、しっかり洗って、よくかわかすことが大事だね。

ボリボリボリ　ボリ　うわっ
フケだ…

まほうの黄色い実

10

#ベータカロテン　#アルベド層

平和な週末を過ごしている2人

結局

1回も勝てなかった…

トムの圧勝でした

お兄ちゃん私も1個だけ…

やだね

もぐ　もぐ

ひょいっ

待って！その手どうしたの？

えっ 何が？

よく見て！手が黄色い！

げっ!! 本当だ！

ガーン

どうしてだ？みかんの食べすぎ？

あわてて全部食べるからだよ

他の色の果物を食べたら元にもどるんじゃない？

おお！いい考えだな！

はたして……

それから

カメレオンじゃないんだから……

そういえばはだの色に近い果物が…

ガサ ゴソ

そんなのあるの?

これだ！ももならはだの色に近い

でも全部食べられるかな?

わく

その日の夜

トムどうしたの?

はあ はあ はあ

それが…

ギュッ ギューッ

話せば長いんだけど…

ただの食べすぎだよ

うわーん

なあ 色が元どおりになった！

キウイを食べたらどうなるかな?

色のついた果物を食べたからって、はだの色は変わらないよ

はだの色は元にもどったけど

うわああ?!

4キロも増えてる!!

バキッ

体重は増えちゃったね

お名前 （なまえ）	フリガナ 姓　　　　　名		ペンネーム	ほんみょう　オーケー 本名でもOK
ご住所 （じゅうしょ）	－			
メールアドレス		@		
学年 （がくねん）	ねん 年	年齢 （ねんれい）	さい 歳	性別 （せいべつ）
本のタイトル （ほん）	りか 理科でミラクル			へん 編
本を知った きっかけ （ほん　し）	①本屋（ほんや）　②学校・図書館（がっこう　としょかん）　③お友だち（とも）　④YouTube（ユーチューブ）　⑤TikTok（ティックトック） ⑥その他（　　　　　　　　　　　　　　　　　　　　　　　　　　　　　　）			

「となりのきょうだい」をもっとおもしろくするために、みんなの感想を送ってね。

抽選で毎月**10**名のみんなに図書カード(**1000**円分)があたるよ!

 本の感想や好きなところ・イラストを書いてね。

ご協力ありがとうございました。

みかんをたくさん食べると、どうしてはだが黄色くなるの?

ベータカロテン

みかんには「ベータカロテン」という成分が入っているよ。かぼちゃ、にんじん、ほうれん草などの緑黄色野菜にもふくまれているんだ。

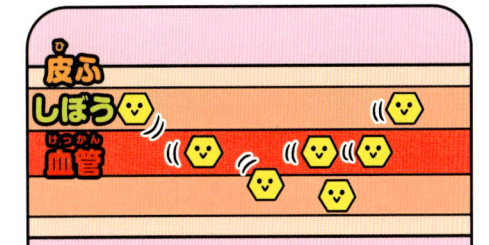

皮ふ
しぼう
血管

人間の体がビタミンAを生成する際に必要なベータカロテン。でも、食べすぎると血管を通じて皮ふの角質層としぼうにたまるんだ。

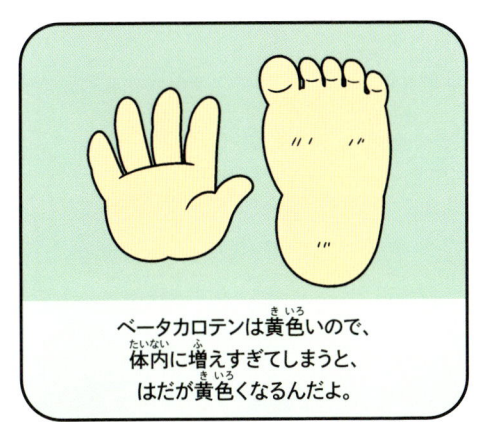

ベータカロテンは黄色いので、体内に増えすぎてしまうと、はだが黄色くなるんだよ。

このままみかん人間になったらどうしよう

これは「かん皮しょう」というんだ。はだの色は時間がたてば、自然と元にもどるよ。

となりのサイエンス

実についている白い糸の正体

みかんの実についている白い糸は「きつらく」または「アルベド層」というせんい質。きつらくにはビタミンCやビタミンPなどの体にいい成分がふくまれているよ。また、漢方医学では体の毒素をはい出し、消化を助ける薬としても使われるんだ。

きつらく

©kk/PIXTA

ビリビリ電気セーター

11

#電気　#静電気

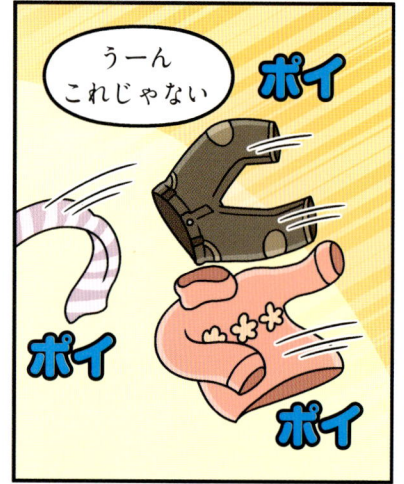

うーん　これじゃない

ポイ

ポイ

ポイ

ポイ

これでも　ないし

ポイ

これも　ちがう

エイミがなにか探してるね

エイミの♥部屋

どうしよう　このままだと　おくれちゃう！

？

どうした　エイミ?!

エイミの♥部屋

クローゼットにこんなに入っていたとは……

お兄ちゃん見直したよ！

なんのこれしき

でも 今日寒くなるってこのニットじゃうすいかも

それならいいのがあるぞ

そのニットのかわりにこのセーターにしよう

おっ いいね！さっそく着てみるね

わあ お兄ちゃんにこんな才能があったなんて…

うわああぁ?!

あらら、静電気だね

トムのしわざだって思いこんでる

静電気で次世代ファッショニスタになったエイミでした

Q 静電気はどうして起きるの?

原子かく
電子

この世のすべてのものは原子が集まってできているよ。原子は（+）電荷を持つ原子かくと、（−）電荷を持つ電子でできている。

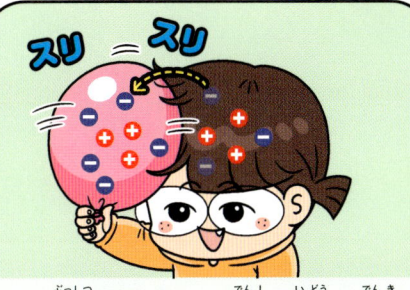

スリ スリ

2つの物質がこすれあうと、電子が移動して電気がつくられる。これを電気を持つりゅう子が止まっている状態だとして「静電気」と呼ぶんだ。

バチ バチ バチッ バチバチ

体が生活の中で多くの物体とまさつすることで、電子の移動が起こる。その過程で体内に電気が少しずつつくられ、静電気の状態で留まるんだ。

イタッ

体にちく積された静電気は電気が通る物質とふれあったしゅん間、一気に移動するよ。このとき、火花が散ることでバチッとした痛みを感じるんだ。

となりのサイエンス

静電気の電圧

静電気は数万ボルトの高い電圧を持っていることもある。これはカミナリと同等のエネルギーなんだ。でも、静電気は電流がほぼなく、いっしゅんだけ流れるから感電の危険はほとんどないよ。そのかわり、静電気によって発生した火花が原因で火災が起きるなど、事故につながることもあるから気をつけよう。

ガソリンスタンドの静電気防止パッド

初雪が降った夜

#公転　#自転じく

冬は日が早く暮れるんだよ

すっかり夜のお出かけになっちゃったね

ヒュウー

うわあ
雪まで降って
きちゃった

信じられないな
まだ6時なのに

夏ならまだ
明るかったぞ

ガタ
ガタ
ガタ
ガタ

だからもっと
早く出発…

ハックション!

はあ

そもそも
お前のせいだろ?

しかも寒いのに
そんなうす着で

とにかく
お兄ちゃんにも
責任…

いいからこれ
でも着ろ!

ブルブルブル

おび

サツ

オレは元々
寒さに強いから

…いいの?

ほら

さすがお兄ちゃん

相変わらず言い争いが絶えないきょうだい

スマホは上着のポケットに入っていましたとさ

冬はどうして日が暮れるのが早いの?

地球は固定されたじくを中心に1日に1周みずから回っていると同時に、1年で1周太陽のまわりを回っている。でも、地球は太陽を回るき道から約23.4度かたむいているから、毎日「南中高度」が変わるんだ。南中高度とは、1日のうち、太陽がもっとも高い位置に上ったときの地表面との角度のことを指すよ。夏は南中高度が高くなるから、太陽が空に留まる時間が長くなる。反対に、南中高度が低い冬は太陽が空に留まる時間が短くなるから、早く日が暮れるんだよ。

地球の公転*と季節

春
夏
冬
秋

季節ごとの太陽の高度

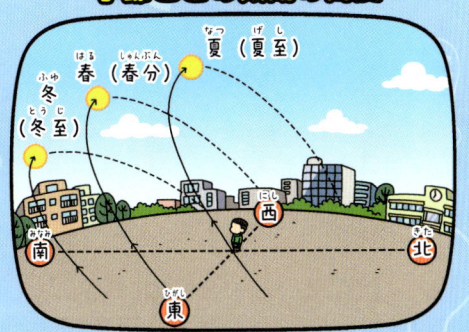

夏（夏至）
春（春分）
冬（冬至）
西
南
北
東

*公転：天体が他の天体のまわりを回ること

となりのまめ知識

太陽の高度によって気温が変わる理由

「太陽の高度」とは、地表面と太陽の角度のことを指すよ。太陽の光が垂直に差すと光が強くなり、反対に太陽の光がななめに差すと光が弱くなる。だから、太陽の高度によって気温が変わるんだよ。

太陽の光がななめに差すと光が広い面積に届くよ

太陽の □ は
地表からとても高い所を指す。

答え：

みかんには □ が
多くふくまれていて、食べすぎると
手のひらや足の裏が黄色くなる。

答え：

□ は
はだから出るあぶらで、
はだの表面を保護する。

答え：

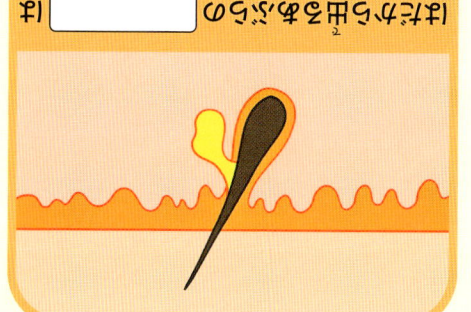

人間が食べ物を口にすると、
その栄養素のほとんどは □ で吸収される。

答え：

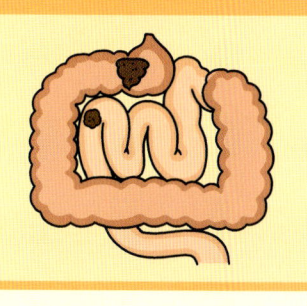

下の文章を読んで、答えを当てはめよう。

ものしりクイズ2

 トムの質問とエイミの返事をよく読んで正解を当ててみよう。

トムがにえているよ

グツ グツ

#体温　#ウイルス

あら 熱があるね

ピピッ

38.2

とりあえず薬を飲んで

よくならなかったら病院に行こう

…はい

あらら、カゼをひいたみたいだね

もしかして私に服を貸してくれたから？

内心、お兄ちゃんに感謝しているエイミ

エイミ
薬局でカゼ薬買ってきてくれない？

いいよ

エイミのことをこき使うトム

パチッ

ブル
ブル
ブル

こくらく
極楽

元気そうだけど…
ここはガマン

よくあさ
翌朝

あり得ない！

ピピッ

ねつ かん
熱が完ぺきに
下がってる！

げんき
元気

ど
36.5度

あいつ
くすり か
いい薬買って
きたな…

きょう
今日も
つか
こき使おうと
おも
思ってたのに

ガーン

なお ふまん
治ったのに不満そうだね

トム〜
ねつ
熱はどう？

ビクッ

かあ いま
母さん！今
はか
計ってるよ

仮病なんて、トムらしい

こん身の演技でじゅう実した週末を送るトム

エイミにあやしまれてる……

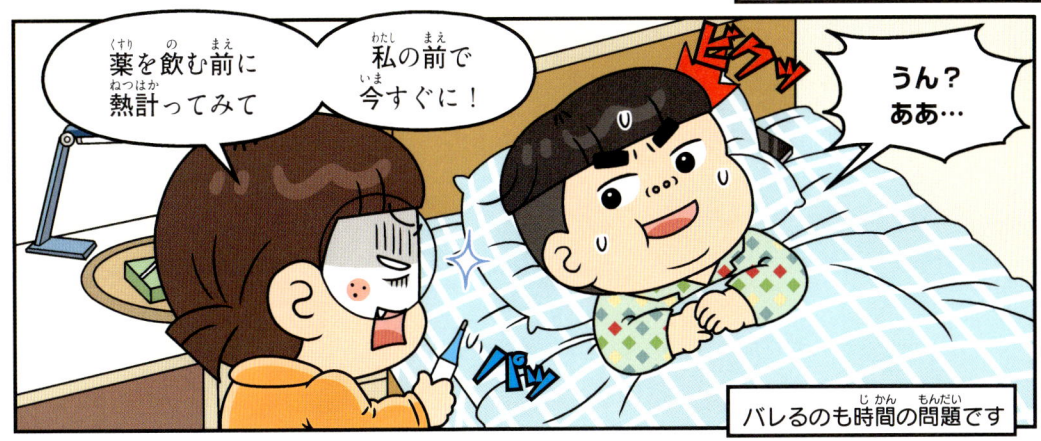

バレるのも時間の問題です

そうしてトムの演技は終わりをむかえましたとさ

カゼをひくと どうして熱が出るの?

人間の体温はふつう36〜37度で、一定の温度をい持する。でも、カゼをひくと、正常のはん囲をこえて熱が出ることがあるよね。これは体が熱を使ってウイルスと戦っているからなんだ。ウイルスは熱に弱く、体温が上がると白血球がウイルスを退治しやすくなるんだよ。でも、体温が高すぎると体に異常が出る場合があるから、熱がなかなか下がらなかったら病院に行こう。

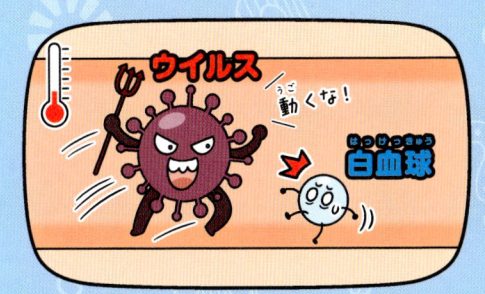

となりのまめ知識

カゼには治りょう薬がない?

カゼを引き起こすウイルスは数百種類あり、しょう状もそれぞれちがうんだ。だから、カゼの治りょう薬の開発はすごく難しい。カゼをひいたときに飲む薬はしょう状をやわらげるだけで、カゼそのものを治すことはできないんだ。

14

大ピンチ!
洗たく大作戦

#洗ざい　#界面活性ざい

バサッ

まあ
ステキ

お母さんがごきげんです

これ どう?

お母さんの知り合いが
自分で染めたんだって
ステキでしょ?

はあ

まあ

シーン

言われたそばからケンカだね

お母さんの前では静か

今日もさわがしい2人

大変お兄ちゃんのせいで!!

はあ？お前が悪いぞ！

とにかく今はケンカしてる場合じゃないどうする？

わかったなんとかしてみよう

あせ

あせ

あせ

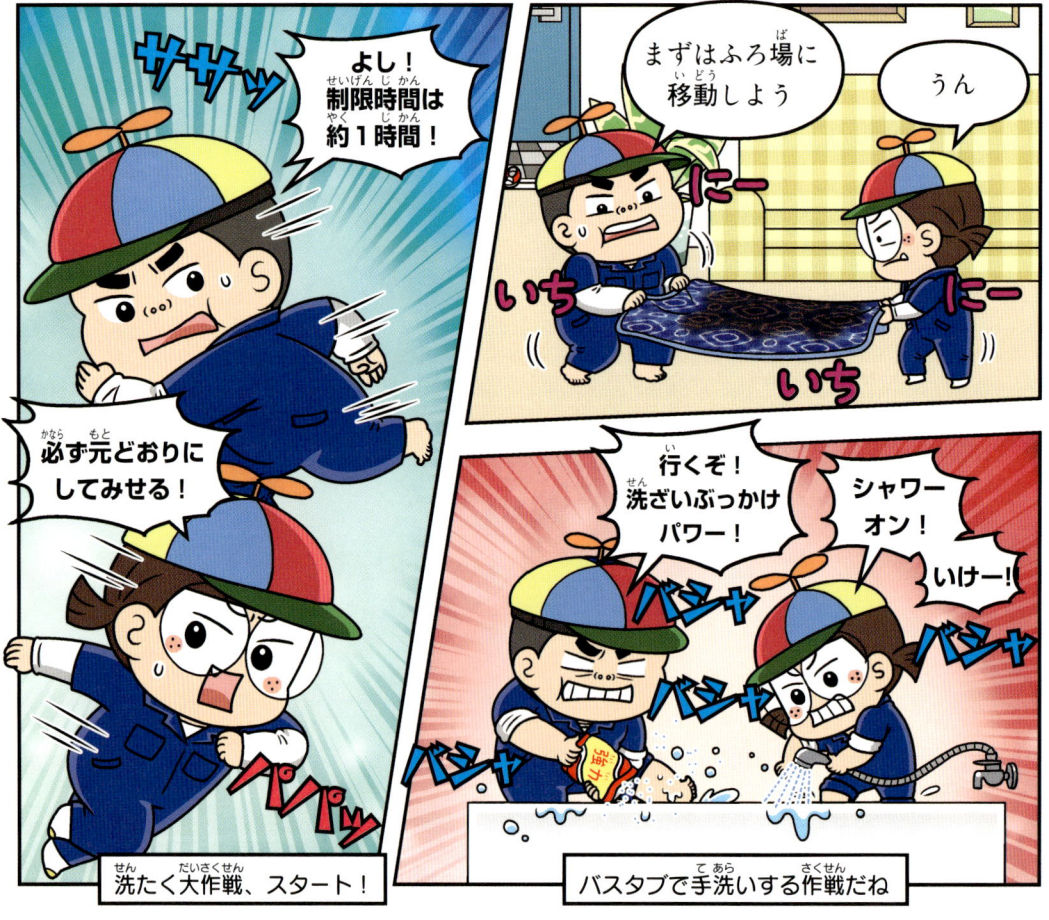

よし！制限時間は約1時間！

まずはふろ場に移動しよう

うん

サーサッ

にー

いち

にー

いち

必ず元どおりにしてみせる！

行くぞ！洗ざいぶっかけパワー！

シャワーオン！

いけー！

バシャ

バシャ

バシャ

バシャ

パパッ

洗たく大作戦、スタート！

バスタブで手洗いする作戦だね

120

洗ざいはどうやってよごれを取りのぞくの？

体や服についたよごれは水洗いで落とすこともできるけれど、水だけでは落ちない油よごれには洗ざいが必要だよ。

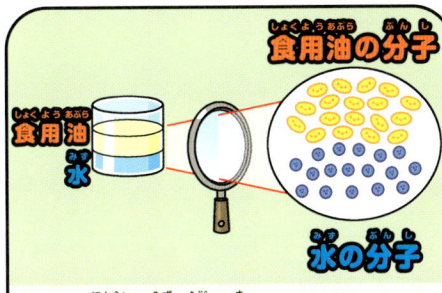

本来、水と油は混ざらないんだ。でも、洗ざいに入っている界面活性ざいが水と油よごれのなかを取り持ってくれる。

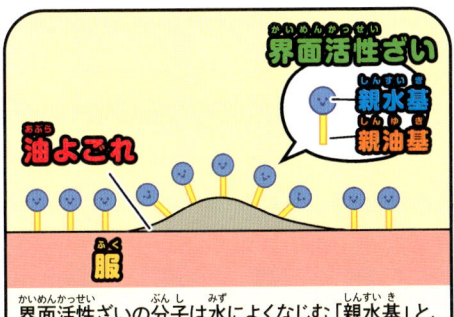

界面活性ざいの分子は水によくなじむ「親水基」と、油によくなじむ「親油基」を持っている。界面活性ざいを水にとかすと、親油基が油よごれにくっつく。

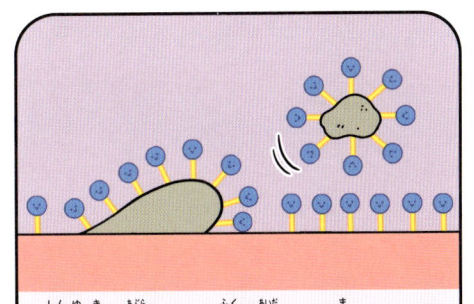

親油基は油よごれと服の間にすき間をつくる。親油基に包囲された油よごれは服からはがれて水といっしょに洗い流されるよ。

となりのサイエンス

せっけんが細きんを落とす原理

せっけんで手をきれいに洗えば、手についている細きんを落とすことができる。それは界面活性ざいのおかげなんだ。細きんの表面には細きんを保護する油のまくが存在するんだけど、界面活性ざいの分子である親油基がこのまくにくっついて、手から細きんを落とすんだ。保護まくの取れた細きんはすぐに死めつするよ。

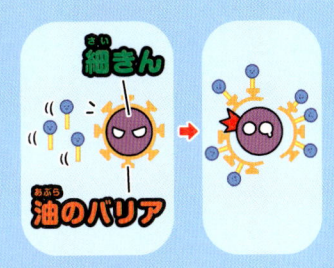

15

のろわれた
オルゴールの秘密

#かん電池　#電子

トムの期待とはちがったね

トムは10秒で食べちゃったね

その日の夜

確か
オルゴールに
しまってたな

そろり

1つくらい食べ
てもバレないだろ

そろり

そろり

ぐおお

チョコどろぼうだ！

おお ここか

そうっと

1つだけ
いただくぜ！

ぐー

リリ

げっ！

リリ

あれ？

ララ〜

ララ〜

…オルゴール
の音？

バッ

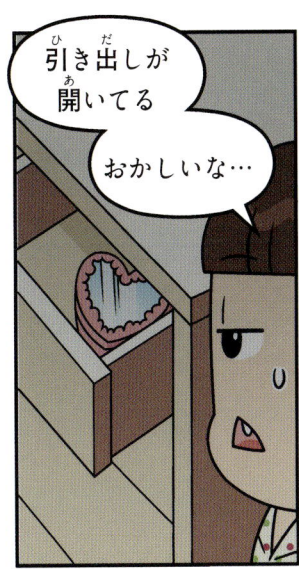

引き出しが
開いてる

おかしいな…

まあ いっか
空耳だよね

クルッ

むにゃ

はあ

はあ

危なかった〜

はあ

なんとか成功したトム

トムは4日連続でぬすみつづけた

よし
作戦成功!

コソ

コソ

リリ

ララ〜

ちっ 昼間は
すきがないな

今日も
1つ!

リッ

♪

うん?

そうして毎晩オルゴールの音を
聞いたエイミ

あれ？
また音が…

うまいな〜

？

お父さん
このオルゴール
おかしいの！

夜中に勝手に
鳴るの

何？

のろわれ
てるかも

そう思うのも仕方ないね

Q かん電池のしくみはどうなっているの？

かん電池は化学反応を起こして電気をつくるよ。電気は電子が同じ方向に流れるときにつくられる。かん電池の両たんはプラス極とマイナス極になっていて、マイナス極からプラス極に電子が流れることで電気がつくられるしくみだよ。電気製品に電池を入れると、電池の両たんの電線を電流が流れ、電気製品が動くんだ。

プラス極とマイナス極の方向をちゃんと確認すること

となりのまめ知識

新しいかん電池と使用ずみのかん電池の見分け方

見た目からは新しい電池なのか、使用ずみなのかわからないよね。でも、約5センチの高さから垂直に落とすと、簡単にわかるよ。使用ずみのかん電池は中のガスがぬけて重さが軽くなるから、ころんとたおれる。反対に、新しい電池は重さがあるから、まっすぐ立つよ。

16

願い を かけてごらん

#流星　#すい星

専門家によると今夜
観測できる流れ星は非常に
大きく美しいそうです

今夜9時　きょ大流星が出現

速報『となりのきょうだい 理科でミラクル』が大ヒット中

流れ星を見ようと
多くの人々が…

わあ
オレも見たい

私も！

ベランダからでも
見えるらしいよ

本当？

やったー

130

Q 流れ星はどうして落ちるの?

みんなは流れ星を見たことがあるかな? まるで星が空から落ちてくるかのように見えるけれど、本当は星が落ちるわけでも、星のかけらでもないんだ。流れ星は別名「流星」っていうんだけど、その正体は宇宙を回っている際に地球の重力によって引っ張られてきたホコリや岩石なんだ。地球の大気けんとのまさつによって火がついたことで、星が落ちるように見える。都心部よりも空気のきれいな地域ではさらによく見えるよ。

エイミ あっち!

きれい〜!

となりのまめ知識

雨のように降り注ぐ「流星雨」

宇宙には多くのすい星があり、き道に沿って動くすい星が太陽に近づくと、太陽熱によってかけらができるんだ。このとき、地球の重力でそれらが引きこまれて「流星雨」が発生する。数多くの流星が雨のように降り注ぐ様子はそう観だよ。機会があったら、ぜひ観察してみてね。

©yuki/PIXTA

ペルセウス座流星群

17

スキー場での
できごと

#圧力と面積　#かんじき

スキー場にやってきたトムとミミ

ついにトムのこいがかなう?!

エイミたちもいっしょだったんだね

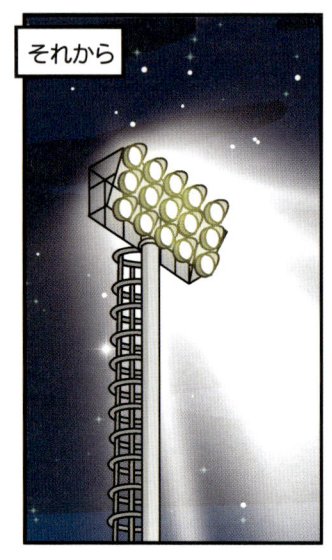

それから

そろそろ
宿にもどろうか？

うん
そうだね

イタタタ

ごめん
なさい……

残念〜

トム
また明日
練習しよう

うん 今日は
ここまでに…

キュルル

あれ？ この音は……

げげっ
おなかが痛い

キュルル
キュルッ

トムさん？

うっ…

トム！

いきなり
どうした？

どうしていつもトムだけ……

あれ？ここで終わり？

キョロ

キョロ

トイレがない…

おお！トイレ発見！

でも スキー場の外だよ？

警告があるけど今はそんなこと言ってられない！

ウェアにもらす寸前なんだ！

急げ

ひょい

警告 ここから先

絶対にスキー場の外に出てはいけないよ！

それから

ガチャッ

ふう 助かった

さあ 宿に帰るか

げげっ 真っ暗だ！

どっちに行けばいいんだ？

ヒュオオオー

大変！ 道に迷っちゃった

スマホで道を調べてみよう

そうそれだ！

思ったより近いね

となりのスキー場

現在地

100メートルくらい北西に進めばいいな！

でもどっちが北西かわかる？

スマホにコンパスってなかったっけ？

げっ バッテリーが…！

なにい!!

0%

なんでバッテリーがないんだよ！

さっきのライトで消もうしたの！

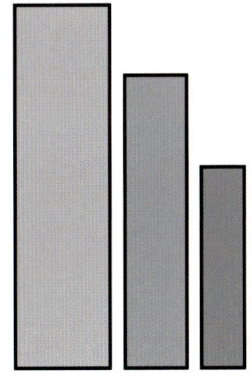

冬用のウェアにはコンパスがついているものがあるよ

Q ら針ばんはどうしていつも北を指しているの?

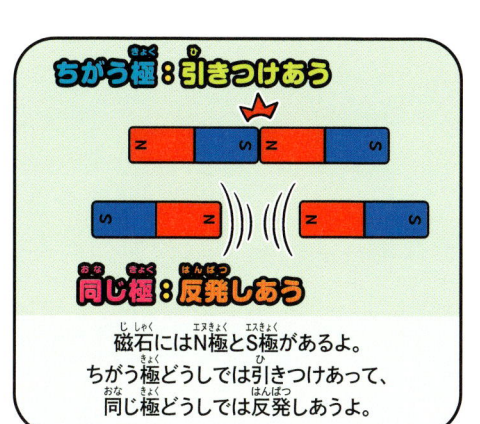

ちがう極：引きつけあう

同じ極：反発しあう

磁石にはN極とS極があるよ。
ちがう極どうしでは引きつけあって、
同じ極どうしでは反発しあうよ。

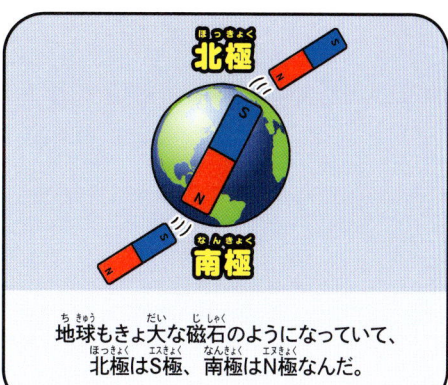

北極

南極

地球もきょ大な磁石のようになっていて、
北極はS極、南極はN極なんだ。

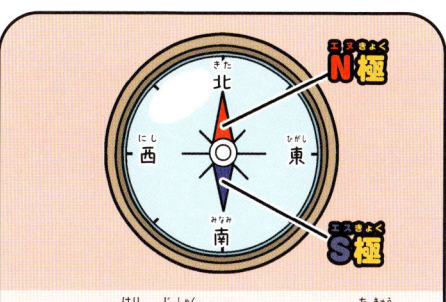

北
西　東
南

N極

S極

コンパスの針も磁石でできているんだ。地球と
コンパスの針は磁石どうしだから、おたがいに引き
つけあったり、反発しあったりする力がはたらくんだ。

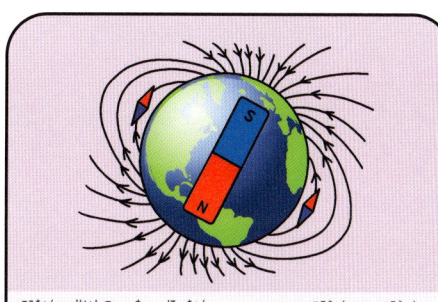

S極の性質を持つ北極はコンパスのN極を、N極の
性質を持つ南極はコンパスのS極を引きつけるから、
コンパスのN極はいつも北を指しているんだよ。

となりのサイエンス

地図にある「これ」の正体は?

数字の4に似たものや星印のようなものが地図に書
かれているのを見たことがあるかな? これは「方位」
というんだ。地図を見て道を探す際に最初にやるべ
きことは、方角をはあくすることだよ。方位を見れば、
地図の方角がわかるんだ。

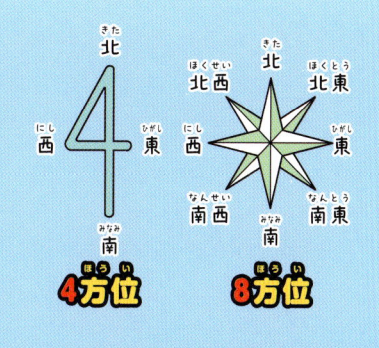

北
西　東
南
4方位

北
北西　北東
西　東
南西　南東
南
8方位

次の文章を読んで、空らんをうめよう。

体内にカゼのウイルスが
しん入すると、□□□□□が
ウイルスをげき退する。

答え：

水と油は本来混ざらないけれど、
□□□□□を使えば
混ざりあう。

答え：

かん電池は□□□□□を
同じ方向に流して、電気をつくる。

答え：

コンパスは□□□□□の
性質を使って
方角を知らせてくれる道具だ。

答え：

答え：左上から時計回りに、白血球、かい面活性ざい、電流、磁石

 **クイズ** 次の質問の正解を答えているのはトムとエイミのどちらでしょう？

Q1 カゼをひいたとき、熱が出るのは体内の白血球を助けるためだ

そうだよ ウイルスは熱に弱いから

エイミ

VS

トム

ちがう ウイルスは熱いのが好きだぞ

Q2 流れ星は星じゃない

夜空に星が落ちるのをオレ様は見たぞ

流れ星は宇宙のホコリや岩石が地球に落ちたものだよ

エイミ

VS

トム

Q3 圧力は力を受ける面積が広いほど高まる

当然さ 広ければ広いほど力も圧力も高まる

おす力がせまい面積に集中したほうが圧力が高まるよ

トム

VS

エイミ

01 （　　　）の中に入る正しい組み合わせを選びなさい

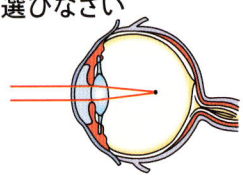

水しょう体に異常が生じ、もうまくより（　ア　）像が映し出され、遠くにある物体が見えにくくなる現象を（　イ　）という。

① ⑦手前に、⑦遠視
② ⑦手前に、⑦近視
③ ⑦後ろに、⑦遠視
④ ⑦後ろに、⑦近視

02 次の説明を読んで、（　　　）の中に入る正しい言葉を選びなさい

光がある物質を通過し、他の物質を通る際、2つの物質の境界面で方向が曲がる現象を光の（　　　）という。

① くつじょく
② くつ下
③ くっ折
④ 苦痛

©jeafish/PIXTA

03 次のうち、おしっこに関する説明として正しいものを選びなさい

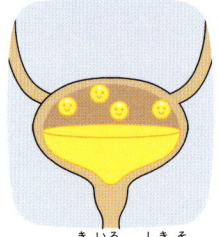

① おしっこには黄色い色素がふくまれているから黄色い
② おしっこの色は自由自在に変えられる
③ 体内の水分が不足すると、色がうすくなる
④ 体内の栄養素をぼうこうで保管している

04 次のうち、クツのにおいを防ぐ方法として正しくないものを選びなさい

① 足をきれいに洗う
② 足を洗ったあと、水気をよくかわかす
③ わざと足のにおいをかぎつづけて、鼻をまひさせる
④ クツの中に新聞紙やコーヒーのカスなどを入れて保管する

05 次のうち、すいみんと夢に関する説明として正しいものを選びなさい

① すいみんは脳波の変化によって大きくレムすいみんとノンレムすいみんに分けられる
② ねているときは脳の活動が完全に停止している
③ 夢は脳の活動が停止したときに見る
④ 夢は脳の活動と関係がない

06 次のうち、小腸と大腸の役割として正しいものをすべて選びなさい（2つ）

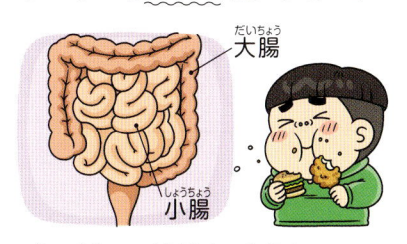

大腸

小腸

① 食べ物から栄養素を吸収
② 食べ物のカスを吸収
③ 食べ物から水分を吸収
④ 食べ物からたましいを吸収

07 次のうち、皮しに関する説明として正しくないものを選びなさい

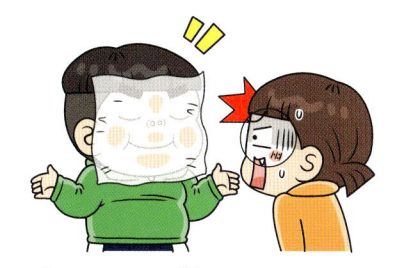

① 皮しせんから分ぴつされるあぶらだ
② はだのかんそうを防ぐ
③ Tゾーンに特にたくさん分ぴつされる
④ 皮しはよくしぼるといい

08 次のうち、みかんの説明として正しいものを選びなさい

©kk/PIXTA

① みかんをたくさん食べて黄色くなったはだは一生元にもどらない
② ベータカロテンという物質がふくまれている
③ 実についた白い糸はかざりだ
④ 実の数はぐう数だ

09 次の説明を読んで、（　）の中に入る正しい言葉を選びなさい

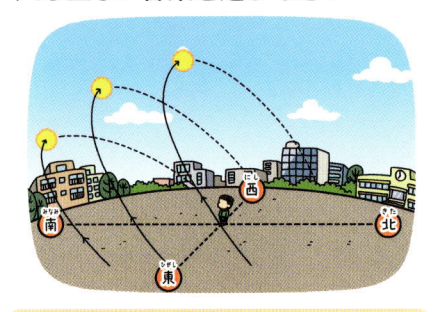

> 1日のうち、太陽が最も（高く／低く）上ったときの地表面との角度を「南中高度」と呼ぶ。

10 次のうち、カゼの説明として正しいものをすべて選びなさい（2つ）

① カゼをひいたときのしょう状は人間ならみんないっしょだ
② カゼを引き起こすウイルスは1つだ
③ カゼにはまだ治りょう薬がない
④ カゼで熱が出る理由は白血球を助けるためだ

11 次のうち、界面活性ざいの説明として正しくないものを選びなさい

① 油よごれは落ちない
② せっけんやシャンプーに入っている
③ 水と油を混ぜる力がある
④ 使いすぎはかん境によくない

12 次のうち、流れ星の説明として正しくないものを選びなさい

① 流星とも呼ばれる
② 都心部より田舎のほうがよく見える
③ 星のうんちだ
④ 一度にたくさん落ちることもある

[13～14] 写真を見て、次の問いに答えなさい

©alps/PIXTA

13 写真のはき物は足が地面をふむ面積を広げて「これ」を分散させる原理を用いています。「これ」とは何でしょうか？

( )

14 写真のはき物について、正しくない説明を選びなさい

① トム：おもに雪がたくさん降る地域ではかれているよ

② エイミ：こうしたはき物を「かんじき」というよ

③ デイジー：画びょうと同じ原理を用いているよ

④ ミノル：これをはくと、雪にはまりにくくなるよ

15 次の絵を見て、[ ]の中に入る正しい答えを選びなさい

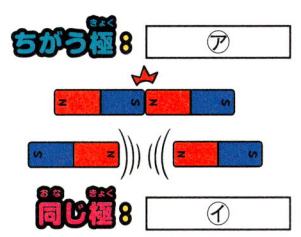

ちがう極：[⑦]

同じ極：[⑦]

① ⑦引きつけあう、⑦反発しあう

② ⑦反発しあう、⑦引きつけあう

③ ⑦きらい、⑦好き

④ ⑦おしては引く、⑦はじき出される

16 次のうち、コンパスの説明として正しいものを選びなさい

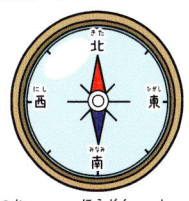

① 磁石を使って、方角を知らせてくれる道具だ

② かん電池の力で針が動く

③ インターネットがないと使えない

④ 天気がくもったら、方向を探せない

最後に問題を全部解いたか、もう一度確かめてから164ページにある正解を確認しよう

気になる 気になる！

質問コーナー

『となりのきょうだい 理科でミラクル』を読んでくれたみんなからの質問をしょうかいするよ。ニャハッ、質問の答えをとなりのきょうだいといっしょに探してみよう。

ハエはどうして足をこするの？

ハエは足の細かい毛を通じて味やにおいを認識しているんだ。食べ物を探してゴミ箱やはい水こうなど、あちこちを飛び回るんだけど、このとき、足にきたないきんやホコリがつく。足に不必要な物質がついていると味やにおいがわからなくなるから、足をこすり合わせて、はらい落としているんだ。

©ViniSouza128/PIXTA

サボテンにはどうしてトゲがあるの？

砂ばくは暑くてかんそうしている場所なんだ。だから砂ばくの植物は少しの水で生き残れるように進化している。トゲのようなサボテンの葉っぱは水分の流出を防いで、他の動物から身を守っているんだよ。

チクッ

ドライヤーをすると、どうして
かみの毛がたくさんぬけるの？

かみの毛のじゅ命は2～6年程度で、1日に平均50～100本の毛がぬける。シャンプーするときとかわかすときにぬけるかみの毛はじゅ命をむかえたものだから、ぬける量がそんなに多くなければ心配はいらないよ。

パイナップルはどこの果物なの？

パイナップルは暖かくてしつ度の高い熱帯地方に育つ熱帯フルーツ。リンゴみたいに高い木になると思われがちだけど、実は土から生えているくきの先に実がなる。高さは70～100センチくらいなんだよ。

© ViniSouza128/PIXTA

パクッ

おならをガマンすると、口から出るの?

腸に入った食べ物は腸の中の細きんによって発こうして分解される。この過程でつくられたガスがこう門を通じて出たものがおならなんだ。おならをガマンすると腸にガスがたまる。このしょう状が悪化すると、ガスの一部は血液に吸収されて、鼻や口から出てくる場合があるよ。

ふわあ～

ぽり
ぽり

みんなの好き心が
満たされる
その日まで!

次回
また会おう!

となりのレベルアップ　正解

01 ②　　02 ③　　03 ①　　04 ③　　05 ①

06 ①、③　　07 ④　　08 ②　　09 高(たか)く　　10 ③、④

11 ①　　12 ③　　13 圧力(あつりょく)　　14 ③　　15 ①　　16 ①

問題(もんだい)をしっかり
読(よ)めば難(むずか)しく
ないよ!

まちがえたら
もう一度(いちど)
やってみよう

キミのレベルは?

レベルアップテストの正解(せいかい)を確認(かくにん)して、正解(せいかい)した数(かず)からレベルをチェックしてみよう

0〜5個(こ)

スクスク育(そだ)て!
若手(わかて)レベル

6〜12個(こ)

探検(たんけん)に出発(しゅっぱつ)しよう!
探検(たんけん)レベル

13〜16個(こ)

私(わたし)に任(まか)せて!
博士(はかせ)レベル

第5号
だい ごう

表しょう状
ひょう じょう

好き心の解決が日常で賞
こう しん かい けつ にち じょう しょう

なまえ：

あなたは息をするように好き心を解決し
いき こう しん かい けつ
『となりのきょうだい 理科でミラクル
り か
きまぐれ☆流れ星編』を最後まで読み
なが ぼし へん さい ご よ
18個の問題をすべて解決したので
こ もん だい かい けつ
ここに表しょういたします。
ひょう

20　年　月　日
ねん がつ にち

となりの解決団　トム＆エイミ
かい けつ だん

東洋経済新報社
とうようけいざいしんぽうしゃ

2024年11月12日　第1刷発行
2024年12月26日　第2刷発行

原作　となりのきょうだい

ストーリー　アン・チヒョン

まんが　ユ・ナニ

監修　イ・ジョンモ／となりのきょうだいカンパニー

訳　となりのしまい

発行者　山田徹也

発行所　東洋経済新報社
〒103-8345 東京都中央区日本橋本石町1-2-1
電話＝東洋経済コールセンター 03(6386)1040
https://toyokeizai.net/

ブックデザイン　bookwall

DTP　天龍社

印刷　港北メディアサービス

編集担当　長谷川愛／齋藤弘子／能井聡子

Printed in Japan　ISBN 978-4-492-85005-3